シン・動物ガチンコ対決
頭脳派ギャング シャチ VS 特攻 鋸 歯 ホホジロザメ

2023年 1月 31日　初版第1刷発行

著／ジェリー・パロッタ
絵／ロブ・ボルスター
訳／大西 昧

発行者／西村保彦
発行所／鈴木出版株式会社
〒101-0051
東京都千代田区神田神保町2-3-1 岩波書店アネックスビル5F
電話／03-6272-8001
FAX／03-6272-8016
振替／00110-0-34090
ホームページ　http://www.suzuki-syuppan.co.jp/

印刷／株式会社ウイル・コーポレーション

ブックデザイン／宮下 豊

Japanese text © Mai Oonishi, 2023 Printed in Japan
ISBN978-4-7902-3395-4 C8345 NDC489／32P／30.3×20.3cm
乱丁・落丁本は送料小社負担でお取り替えいたします。

シン・動物ガチンコ対決

頭脳派ギャング
シャチ
VS
特攻鋸歯
ホホジロザメ

ジェリー・パロッタ 著
ロブ・ボルスター 絵
大西 昧 訳

すずき出版

The publisher would like to thank the following for their
kind permission to use their photographs in this book:
page 6: © Skulls Unlimited; page 7: © Seapics.com; page 12: © pbpgalleries / Alamy;
page 13: © geckophoto / iStockphoto; page 14: © Brandon Cole; page 15: © J. L. & Hubert M. L. Klein /
Biosphoto / Peter Arnold Inc.; page 20: © Alaska Stock LLC / Alamy; page 21: © Brandon Cole

調査に協力してくれたオリビア・パッケナムとウィル・ハーニーに、感謝をこめて。——J.P.

【もくじ】

もしも、シャチとホホジロザメとが出会ってしまったら、どうなるでしょう。
両者が戦ったら、どんなことになるのでしょう。勝つのはどちらでしょう。

シャチを知ろう

シャチは、学名を「オルキヌス・オルカ」というので、「オルカ」とよばれます。「オルキヌス」は「死後の世界の」という意味で、「オルカ」は「怪物」という意味です。クジラやイルカと同じほ乳類で、肺で呼吸します。海面まで浮かんできては空気を吸いこみ、海中にいるときは息をとめます。鼻のあなにあたる噴気孔は、海でくらしやすいように頭のてっぺんについています。

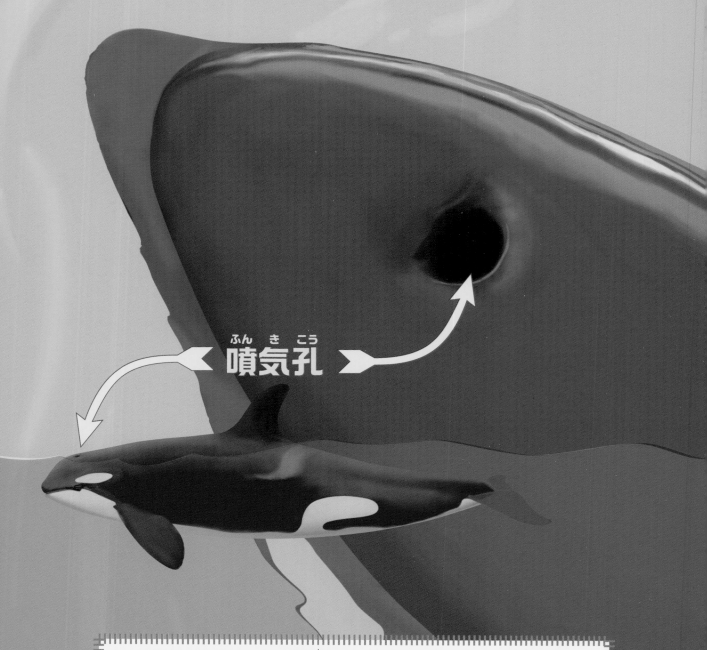

噴気孔

知ってる？
ブラックフィッシュ、オルカ、海のオオカミ、クジラ殺し、海のギャングなど、シャチはさまざまな名前でよばれているよ。

ホホジロザメを知ろう

ホホジロザメは、英語で「グレート・ホワイト・シャーク」といいます。「巨大な白いサメ」という意味です。学名は、「カルカロドン・カルカリアス」で、「ギザギザの歯をしたサメ」という意味です。ホホジロザメは魚類です。ホホジロザメもほかの魚も、えら（鰓）を通る水から酸素をとりこむため、水のなかでしか生きられません。

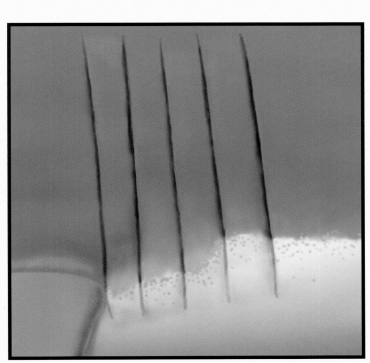

ホホジロザメには、ほとんどのサメと同じように、左右に5つずつ鰓裂（えらのさけ目）があります。鰓孔ともいいます。

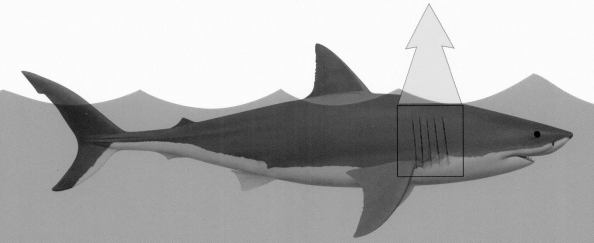

5

シャチの歯

シャチは、あごの力がとても強く、するどい牙のような歯がおよそ50本もならんでいます。歯の長さは10センチメートルほどになることもあります。

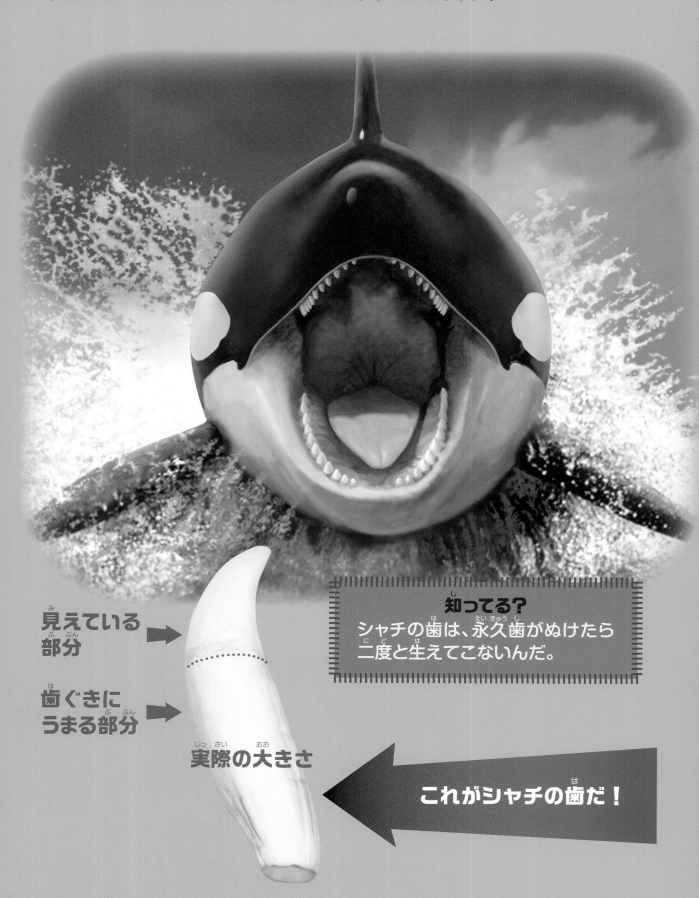

見えている
部分 →

歯ぐきに
うまる部分 →

実際の大きさ

知ってる?
シャチの歯は、永久歯がぬけたら
二度と生えてこないんだ。

これがシャチの歯だ！

ホホジロザメの歯

ホホジロザメが大きな口をひらくと、へりがのこぎりのようにギザギザになっている、とがった歯がびっしりと何重にもならんでいます。歯の長さは、およそ8センチメートルもあります。

知ってる？
サメの歯は、ぬけても何度でも生えかわるんだ。一生の間に、3000本以上の歯がぬけたってなんの問題もないよ。

これがホホジロザメの歯だ！

見えている部分

実際の大きさ

シャチの背びれ

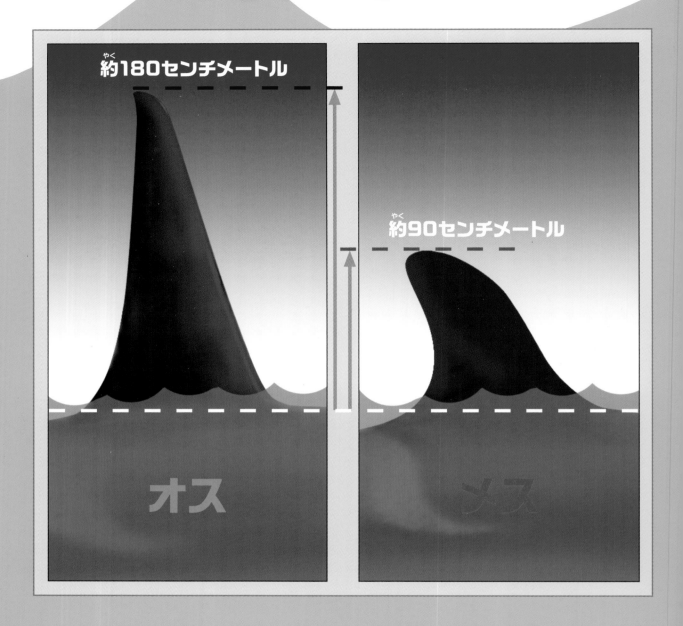

約180センチメートル

約90センチメートル

オス

メス

シャチの背びれだけが海面につきでていると、上の図のように見えます。オスのシャチの背びれはとても大きくておとなの男の人の背丈ほどもあります。

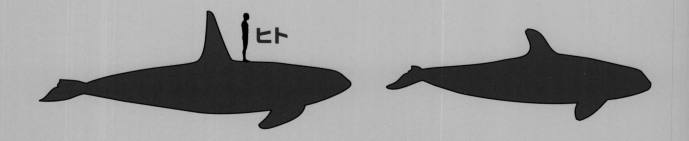

ヒト

シャチは世界中の海で見られます。

ホホジロザメの背びれ

メス

シャチは背びれでオスとメスを見分けることができますが、ホホジロザメの背びれは、オスもメスも同じ形です。

オス

ホホジロザメも世界中の海で見られます。

食物連鎖

シャチは肉食です。好んでつかまえて食べるのは、アザラシやアシカのなかまですが、サケやいろいろな魚も食べます。海中にいるものだけではありません。岸辺にいるヘラジカなどのシカをつかまえているところも目撃されています。

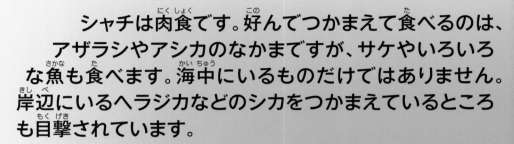

シャチは、食物連鎖の頂点にいる。野生の世界にはシャチの天敵はいないよ。

「食物連鎖」には「鎖」という字がつかわれているけれど、実際は鎖のようなつながりではなく、網目のようにつながった関係だよ。
シャチはアザラシだけでなく、ほかの魚や動物も食べ、アザラシもまた、大きな魚から小さい魚、ほかの動物などなんでも食べるんだ。それで「食物網」ともいうよ。

ホホジロザメも肉食です。魚を食べますが、アザラシ
やアシカ、ウミガメも食べます。まれにですが、人間を
襲うこともあります。

ホホジロザメも食物連鎖のほぼ頂点にいるよ。
魚類では最大の捕食者だ。

とても小さなプランクトンを小さい魚が食べ
る。それを大きな魚が食べ、その魚をもっと大
きな魚やイルカやアザラシなどが食べ、それ
らをシャチやホホジロザメが食べる。そして、
シャチやホホジロザメが死ぬと、そのからだを
プランクトンが分解して養分にする。自然の世
界はそうやって、食べるものと食べられるもの
という関係で、網の目のようにみんなつながっ
ているんだ。

シャチのからだ

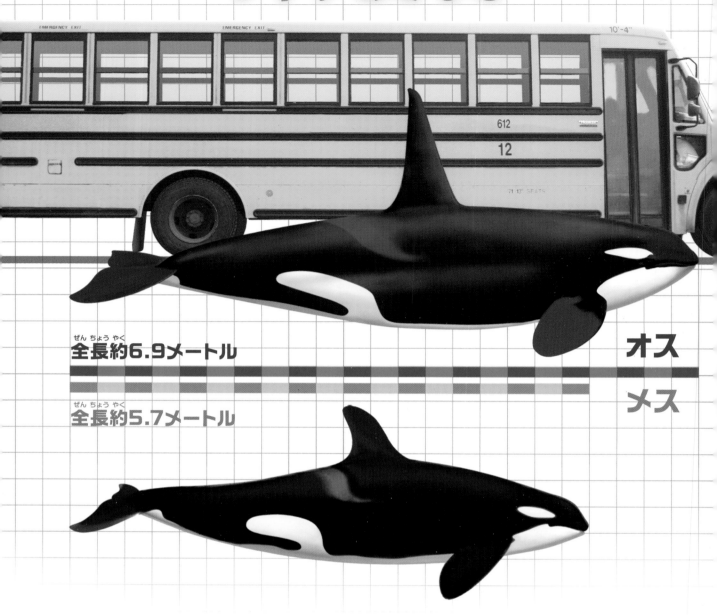

全長約6.9メートル

オス

メス

全長約5.7メートル

シャチはオスとメスでからだの大きさがちがいます。オスは、メスより1.2メートルほど大きいのです。

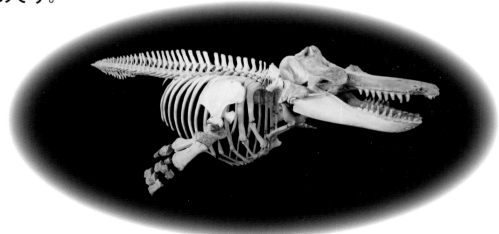

これはシャチの骨格です。シャチはほ乳類ですから、からだにはかたい骨があります。

ホホジロザメのからだ

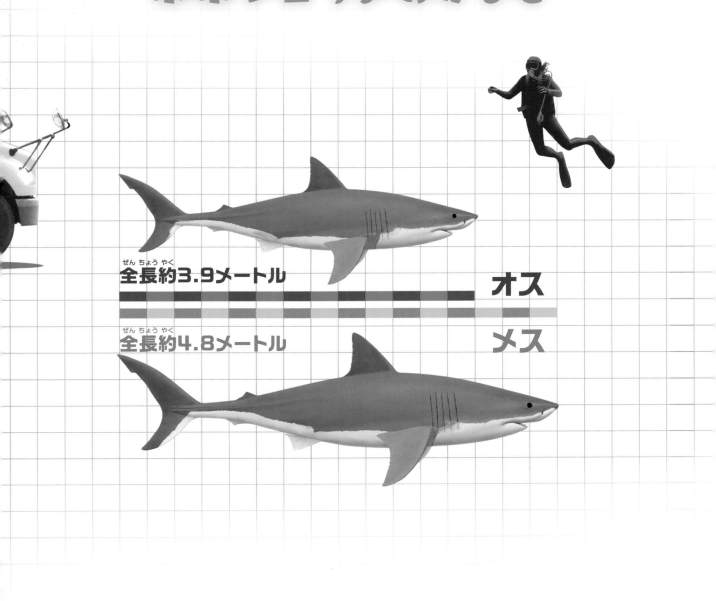

全長約3.9メートル　オス

全長約4.8メートル　メス

ホホジロザメは、シャチとは反対に、メスのほうがからだが大きく、横はばがあります。全長でも90センチメートルほど大きいのです。

サメの骨格は、やわらかい、軟骨という骨でできています。みなさんの耳も軟骨でできています。さわってみましょう。

おそろしいあごも軟骨の一種だぞ〜

シャチのジャンプ

シャチは、水面からジャンプして、巨体を空中におどらせ、海面にうちつけます。

知ってる?
ジャンプするのはおもしろいんだろうね。シャチやクジラのジャンプを、「ブリーチング」というよ。なかまと遊んだり、居場所を知らせたり、皮ふについている寄生虫をジャンプで落としたりするためともいわれているんだ。魚やアザラシをつかまえるときにも、このジャンプ力を利用するんだよ。

戦いになったら勝つのはどっちでしょう? シャチ? それとも、ホホジロザメ?

ホホジロザメのジャンプ

ホホジロザメも負けてはいません。海中深くから頭上の獲物を
一直線に襲い、そのいきおいのまま海上に
全身を見せることがあります。

知ってる？
アザラシやアシカを狩って
いるときなども、ホホジロ
ザメは水面から飛びでて
くるぞ。

スピードはどうでしょう。特殊な能力はあるのでしょうか。引きつづき、シャチとホホジ
ロザメについて見ていきましょう。

シャチの尾びれ

シャチをふくむ海のほ乳類の尾びれは、水面と平行になっています。

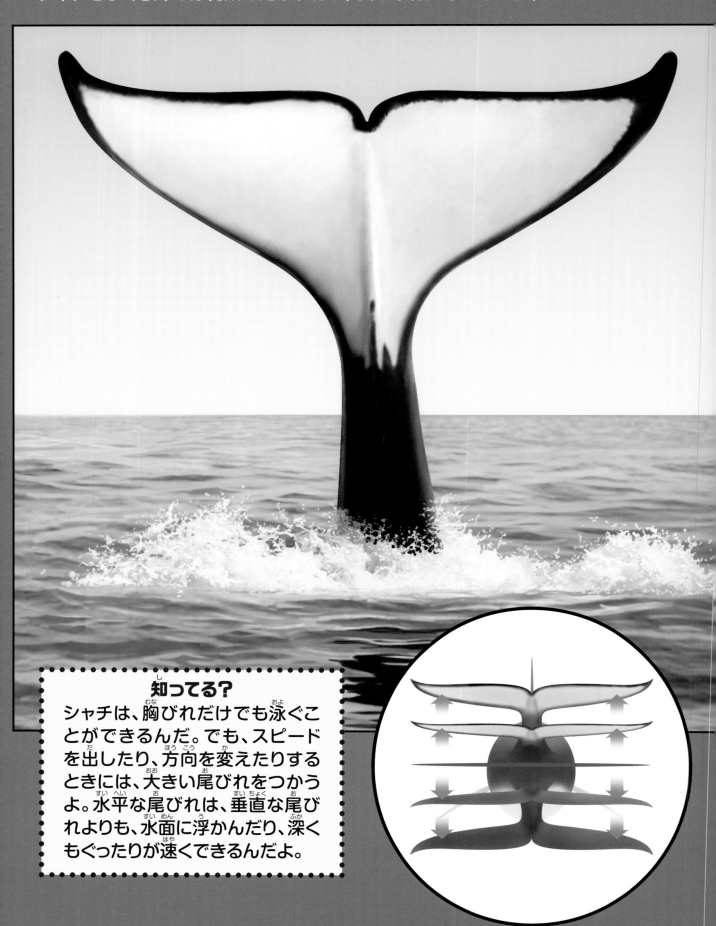

知ってる?

シャチは、胸びれだけでも泳ぐことができるんだ。でも、スピードを出したり、方向を変えたりするときには、大きい尾びれをつかうよ。水平な尾びれは、垂直な尾びれよりも、水面に浮かんだり、深くもぐったりが速くできるんだよ。

ホホジロザメの尾びれ

ホホジロザメをふくむサメのなかまの尾びれは、水面と垂直です。

知ってる？
サメやほかの魚類は、尾びれの動かしかたで、泳ぐスピードや方向を変えるんだ。

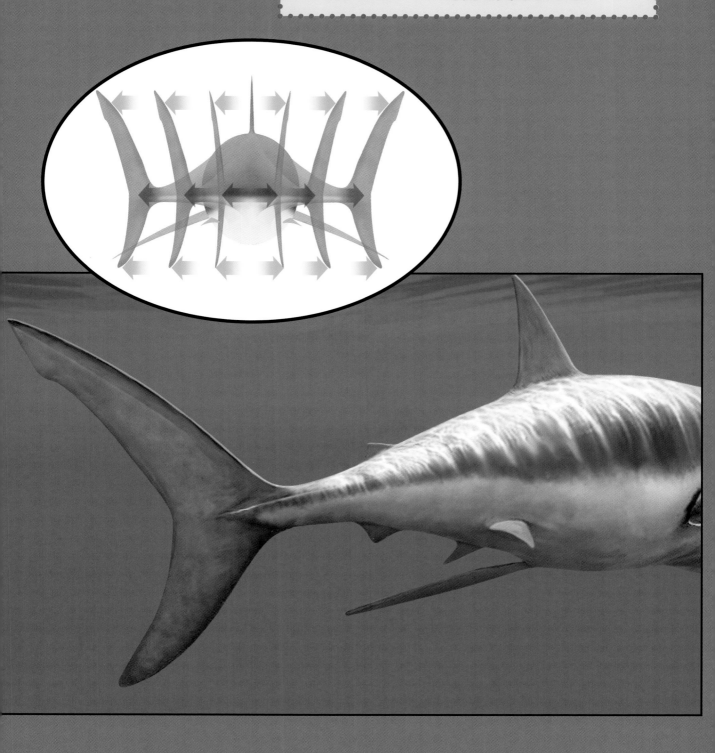

シャチの探知能力

水中での音の伝わりかたは空気中とはちがいます。シャチは水中で自分から音を発して、そのはねかえりかたで、まわりに何がいるかを察知します。これを「エコロケーション」とよびます。どっちにいけばよいか、どこに動いているものがいるか、なかまはどこにいるかなどを、エコロケーションで感じとります。

シャチのエコロケーションは、ソナーというしくみです。発信した音波が、何かにぶつかってはねかえってくる方向から方角を、かえってくるまでの時間から距離を知るしくみのことです。
シャチは、人間には聞こえない超音波もつかいます。

知ってる？

ソナーをつかっているのは、水中の生きものだけじゃないよ。コウモリも同じしくみでまわりのようすをつかんでいるよ。

**シャチがとらえる
水中にいる人間は、こんなすがた。**

ホホジロザメの感知能力

知ってる？
ホホジロザメは5キロメートル
近く離れていても、血のにおい
をかぎつけるよ。

ホホジロザメは相手のからだを流れて
いるかすかな電気を感じとる。水中で
ホホジロザメが感知する人間は、こん
なすがた。

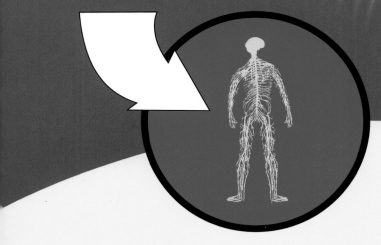

ホホジロザメは、におい、とくに血のにおいをかぎとる感覚にすぐれています。それだ
けではなく、特別なセンサーをそなえています。電気を感じとる器官で、魚や動物の、
筋肉を動かすときに発生するわずかな電流の変化を感知します。相手がそわそわして
いるかどうかも、ホホジロザメにはわかってしまうのです。

シャチのくらし

シャチは、家族でくらす動物です。家族が集まって「ポッド」という群れをつくります。お母さん、お父さん、おばさん、おじさん、いとこ、そして子どもたち——食べるのも、旅をするのも、遊ぶのも、いっしょです。狩りをするときも、家族がまちぶせしているところに追いたてたり、大きな獲物にみんなでいっせいに襲いかかったり、家族で力を合わせます。

ホホジロザメのくらし

ホホジロザメはひとりで生きぬきます。狩りのときに2、3尾で協力することもありますが、遠くへ移動するのも、狩りをするのも、食べるのも、単独行動です。

シャチのスピード

最高時速
約
50
キロメートル

知ってる？
シャチの皮ふは、すべすべだよ。

シャチは、海の上に顔をつきだして、気になったものを見るような泳ぎをしたり、海面にじっと立っているように泳いだりすることもできます。泳ぐスピードも、最高時速が50キロメートル以上になります。人間は最速の水泳選手でも時速およそ8〜9キロメートル。どれほど速いかわかりますね。

ホホジロザメのスピード

最高時速
約
40
キロメートル

ホホジロザメは、生きているかぎり、休まず泳ぎつづけていなければなりません。なぜでしょう？　泳ぎつづけて口から海水を入れていないと、えら呼吸ができず死んでしまうからです。ホホジロザメは、ふだんは時速3キロメートルくらいのスピードで回遊しています。でも、獲物をつかまえるときなどは、時速40キロメートル以上のスピードでダッシュします。

さめはだのひみつ

魚類はたいていうろこでおおわれている。
サメのなかまのうろこは、するどい小さな牙のような突起で、尾のほうを向いてならんでいる。
だから、サメの皮ふは、紙やすりみたいにザラザラなんだよ。頭に向かってなでたりしたら、手が血だらけになるぞ!

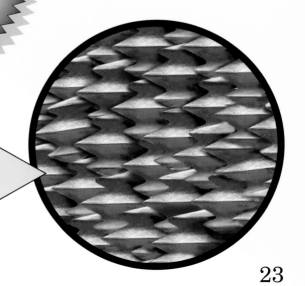

サメの皮ふを拡大してみたよ。
するどい突起がびっしりだ。

シャチの脳

シャチの脳

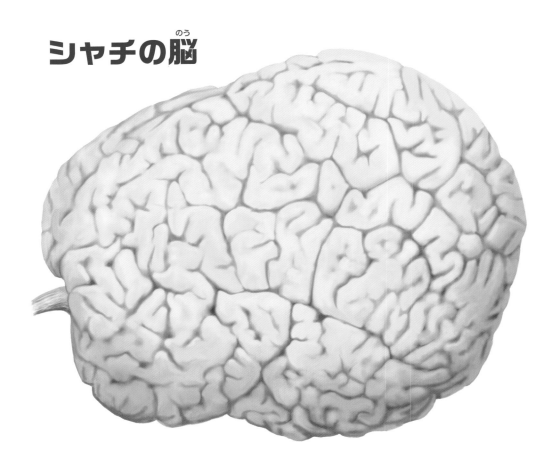

シャチの脳は、ヒトの脳とよくにています。でも、大きさは3倍以上。シャチはきわめて知能が高い動物です。

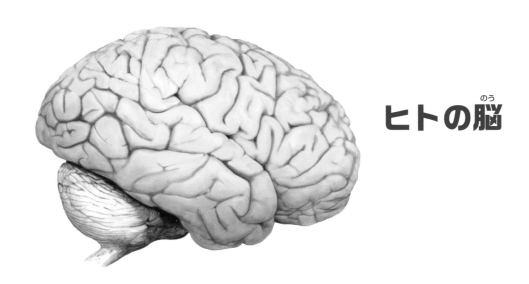

ヒトの脳

24

ホホジロザメの脳

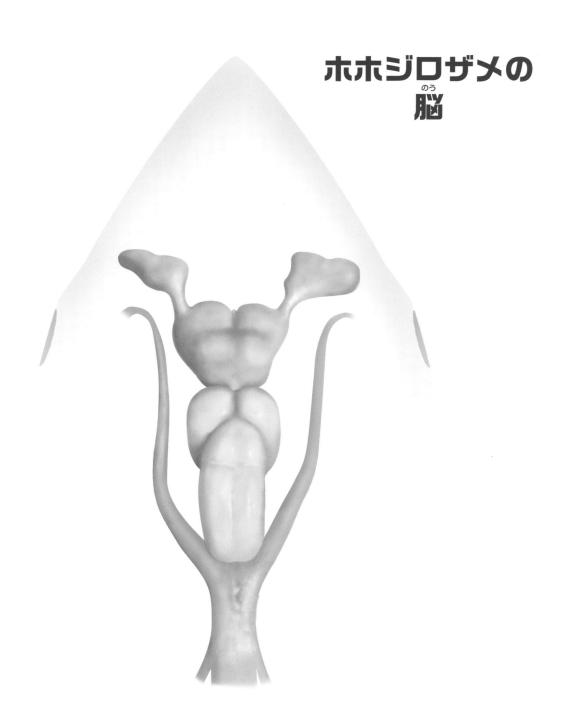

ホホジロザメの
脳

ホホジロザメの脳は、シャチやヒトのようなまるい脳ではありません。においの感覚器官からの信号を受けとる部分、電気の感覚器官からの信号を受けとる部分など、いくつかの部分がつながってできています。「Y」の字のような形になっています。

シャチの特性

シャチは、捕獲して飼育できます。訓練すれば、芸も覚えます。シャチは、水族館の人気者です。

ホホジロザメの特性

ホホジロザメは捕獲しても飼育がとてもむずかしいため、水族館などにはいません。いつでも安全に見ることができるのは、アメリカのハリウッド映画のなかです。ホホジロザメは、映画スターです。

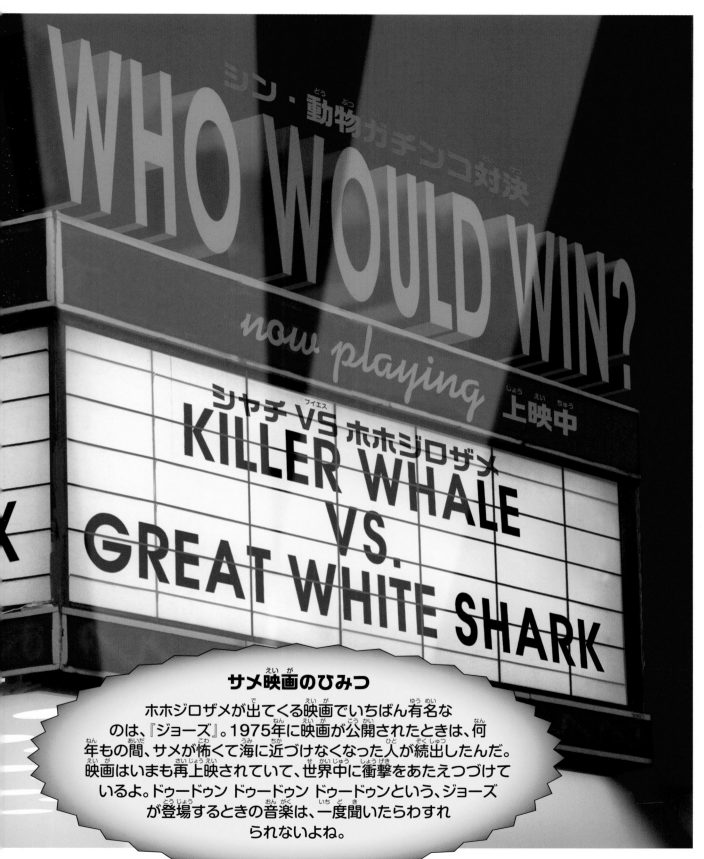

サメ映画のひみつ

ホホジロザメが出てくる映画でいちばん有名なのは、『ジョーズ』。1975年に映画が公開されたときは、何年もの間、サメが怖くて海に近づけなくなった人が続出したんだ。映画はいまも再上映されていて、世界中に衝撃をあたえつづけているよ。ドゥードゥン ドゥードゥン ドゥードゥンという、ジョーズが登場するときの音楽は、一度聞いたらわすれられないよね。

さあ、ここからはガチンコ対決だよ！

おたがいに腹ぺこで、からだの大きさがだいたい同じくらいの、
シャチとホホジロザメがもし出会ったら、いったいどうなるのでしょう。
戦いになったら？
勝負はつくのでしょうか。

シャチとホホジロザメが同じ場所にやってきてしまいました。おたがいに相手を感じとったようです。緊張が走ります。自然界で生きている動物たちは、無用な戦いをさけるのがふつうですが、今回は、どちらも逃げだすようすはありません。

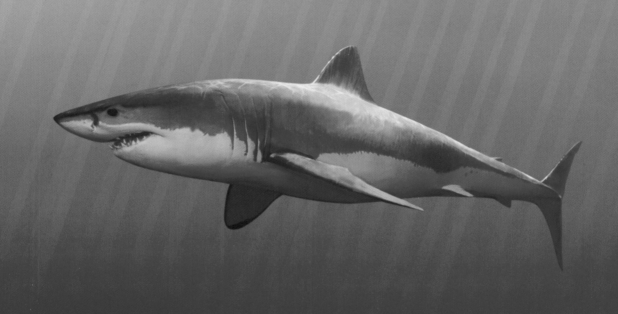

ホホジロザメがシャチの下にまわりこみます。運動能力の高いホホジロザメに下から襲われたら、かわせる敵などいないでしょう。
知能が高いシャチは、相手によって攻撃を変えることができます。その攻撃を予測できる相手はいないでしょう。両者はさらに近づいていきます。戦いがはじまりました。

ホホジロザメがするどい刃先をならべたような歯をむきだして、
シャチに襲いかかりました。

ガブッ！

かみつかれていたのは、ホホジロザメのほうでした。
カウント 1！ 2！ 3！　勝負は一瞬でつきました。
いったい何が起こったのでしょう。
エコロケーションでホホジロザメの動きがわかっていたシャチは、
高い知能で、下からどんな攻撃をしかけてくるのか予測しました。
シャチは瞬時に身をかわして、逆にかみついたのです。
ホホジロザメはなすすべもなく、負けてしまいました。

今回の対決はシャチの圧勝でした。
つぎに両者が出会ったらどうなるでしょう。またシャチが勝つのでしょうか。
それとも、ホホジロザメが知能の高いシャチを打ち負かすのでしょうか。

どっちが強い？
チェックリスト

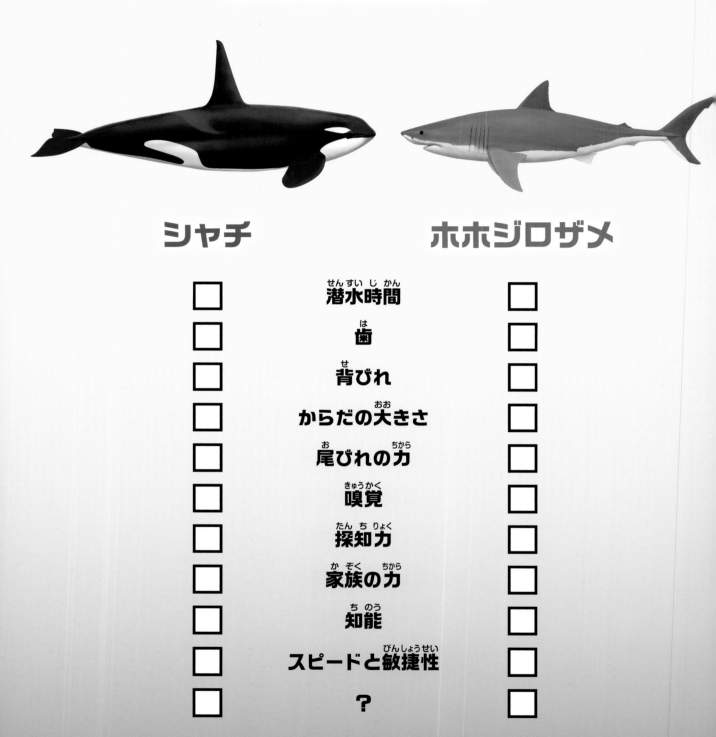

シャチ　　　　　　　　　　ホホジロザメ

シャチ		ホホジロザメ
☐	潜水時間	☐
☐	歯	☐
☐	背びれ	☐
☐	からだの大きさ	☐
☐	尾びれの力	☐
☐	嗅覚	☐
☐	探知力	☐
☐	家族の力	☐
☐	知能	☐
☐	スピードと敏捷性	☐
☐	?	☐

上のチェックリストを参考に、くらべてみたい項目をふやして、みなさん自身で対決ドラマをつくってみましょう。もう一度この本を読みかえしたり、ほかの本を調べたりしてみましょう。

さくいん

ジェリー・パロッタ　Jerry Pallotta

1953年生まれ。子どもたちに絵本を読んであげるようになったとき、ABC Bookといえば、[A]ppleからはじまり[Z]ebraで終わる本ばかりなのに退屈して絵本を自作したのをきっかけに、子どもの本の著作をはじめる。現在にいたるまでに、20冊以上のAlphabet bookをはじめ、"Who Would Win?"（本シリーズ）など、シンプルにしておもしろい自然科学の本を多数手がけ、数多くの賞を受賞している。

ロブ・ボルスター　Rob Bolster

イラストレーター。新聞や雑誌の広告の仕事をするかたわら、若い読者向けの本のイラストも数多く手がけている。
マサチューセッツ州ボストン近郊在住。

大西 昧（おおにし まい）

1963年、愛媛県生まれ。東京外国語大学卒業。出版社で長年児童書の編集に携わった後、翻訳家に。
主な訳書に、『ぼくはO・C・ダニエル』『世界の子どもたち（全3巻）』『おったまげクイズ500』（いずれも鈴木出版）などがある。